上海市环境科学研究院 · 编著

上海城市

SHANGHAI URBAN WETLAND ECOLOGY

湿地生态

自然与人文的交融

THE HARMONY OF NATURE AND HUMANITY

U0279267

上海科学技术出版社

图书在版编目（CIP）数据

上海城市湿地生态 ：自然与人文的交融 ／ 上海市环
境科学研究院编著. -- 上海 ： 上海科学技术出版社，
2021.6（2021.8重印）
ISBN 978-7-5478-5335-1

Ⅰ．①上… Ⅱ．①上… Ⅲ．①沼泽化地－生态系－研
究－上海 Ⅳ．①P942.517.8

中国版本图书馆CIP数据核字(2021)第086344号

————————————————————————————————————

上海城市湿地生态：自然与人文的交融

上海市环境科学研究院　编著

上海世纪出版（集团）有限公司
上 海 科 学 技 术 出 版 社　　出版、发行

（上海钦州南路 71 号　邮政编码 200235　www.sstp.cn）

上海中华商务联合印刷有限公司印刷

开本 787×1092　1/12　印张 $6\frac{2}{3}$

字数 110 千字

2021 年 6 月第 1 版　2021 年 8 月第 2 次印刷

ISBN 978-7-5478-5335-1/N·220

定价：50.00 元

————————————————————————————————————

一座城市的温度与湿度

上海城市湿地生态·自然与人文的交融

序
INTRODUCTION

　　湿地是水陆交互作用形成的独特生态系统，被誉为"地球之肾""生命的摇篮""文明的发源地"和"物种基因库"。湿地不仅哺育无数生命，为包括人类在内的众多生物提供维持生存的各种资源，而且涵养水土、调节气候、消除污染、抵御侵蚀，营造了一方得天独厚的温润生境。在人类历史的长河里，文明的产生和发展与湿地有着密不可分的联系。

　　党的十八大明确提出大力推进生态文明建设，努力建设美丽中国。习近平生态文明思想确立了"人与自然和谐共生"的科学自然观和"绿水青山就是金山银山"的绿色发展观，提出"山水林田湖草沙"是生命共同体。习近平总书记对湿地的保护和恢复高度重视，在长江治理"共抓大保护、不搞大开发"时特别强调湿地保护的重要性。

　　上海位于长江入海口，具有丰富多样的湿地资源，是长江经济带重要的龙头。通江达海的特殊地理环境，使得城市与湿地的关系尤为紧密，已经成为相互交织的有机整体。湿地为城市提供了广阔的生态空间、丰富的产品、洁净的水源以及文化娱乐服务，是最重要的城市生态基底。

　　近年来，上海积极践行"人民城市"重要理念，着力守护良好生态环境这个最普惠的民生福祉。通过持续推进水环境治理、水生生物增殖放流、生物栖息地修复和"一江一河"滨水岸线提升等工作，不断加大湿地生态保护和修复力度，取得了显著成效。在此背景形势下，上海市环境科学研究院编撰出版的《上海城市湿地生态：自然与人文的交融》恰逢其时。这本科普读物刻画了上海城市湿地生态全景，讲述了城市与湿地和谐共生的故事，兼具科学意趣和艺术质感，适合广大科普爱好者阅读。

　　上海市环境科学研究院在着力推进生态环境科技创新的同时，积极履行科学普及的公益职能，传播科学思想、弘扬科学精神、普及科学知识，在发动全社会共同参与生态环境保护中发挥了积极的作用。

　　我期盼本书能为更多市民了解和参与城市湿地生态保护有所帮助。集民智、聚民力、惠民生，共同打造"水清岸绿、鱼翔浅底"的生态宜居城市，努力把上海建设成为人与自然、城市与湿地和谐共生的生态之城，绿色低碳发展的美丽家园。

程鹏

2021 年 5 月 21 日

前言
PREFACE

　　上海，是长江河口通江达海的特大型都市，也是长江经济带最重要的节点城市。从东海之滨籍籍无名的小渔村成长至今，上海城市的发展离不开湿地，离不开水与土的交汇。上海市第二次湿地资源调查结果显示，全市湿地总面积约为 37.7 万公顷，大到延绵数千米的滩涂，小到几平方米的池塘，城市湿地无所不在，和市民的日常生活息息相关。城市湿地为市民提供了多样化的生态系统服务，发挥了巨大的生态、环境、经济和社会效益。

　　近年来，上海市环境科学研究院按照习近平总书记提出的"科技创新、科学普及是实现创新发展的两翼，要把科学普及放在与科技创新同等重要的位置"要求，在推进生态环境科技创新研究的同时，高度重视科普工作。自 2017 年起，上海市环境科学研究院的科研工作者与绘画爱好者携手，围绕城市湿地生态主题，为"上海国际自然保护周"活动连续创作了水生植物、底栖动物、鱼类和鸟类等系列绘本，宣传城市湿地生态文明建设成就，唤起广大市民对自然的热爱，培育了一大批自然绘本"粉丝"。上海市政府新闻办官微"上海发布"连续 4 年转载绘本主要内容，引起了广泛的社会关注与反响，累计阅读量超过 17 万次。为进一步做好科普工作，回应公众的热切期盼，绘本主创人员决心升级创作"上海城市湿地生态"系列图书，并正式结集出版。

　　《上海城市湿地生态：自然与人文的交融》是系列图书的开篇，也是提纲挈领的一本，主要介绍了上海城市湿地的总体情况。从上海城市湿地的自然和人文属性着眼，让人们在感受城市温度的同时，也能感知城市湿度。本书共分为 5 个部分：第一部分阐明了湿地与城市的关系，尤其是上海城市因水而兴，并与湿地不断融合发展的过程；第二部分比较了滩涂湿地、河湖湿地和人工湿地等上海最主要的几种湿地类型及其特征；第三部分从生物类群入手，概述了水生植物、底栖动物、鱼类、两栖爬行动物和鸟类等我们身边耳熟能详的湿地生物；第四部分梳理了供给、调节、支持和文化等湿地为人类提供的生态系统服务；第五部分的附录则列举了上海重要湿地及分布。书中精心挑选了24首古诗，每首诗都与对应内容交相辉映，古人对于湿地的理解与认知，时至今日依然令人印象深刻。本套系列图书的后5本也在筹划当中，我们将分别围绕上海城市湿地常见水生植物、底栖动物、鱼类、两栖爬行动物和鸟类，讲述城市湿地中发生的有趣故事。今年恰逢《中华人民共和国长江保护法》正式实施，我们希望通过"上海城市湿地生态"系列图书，让更多的市民了解湿地、关心湿地，成为生态文明的践行者。

本书凝结了主创人员巨大的热情与投入，从想法萌芽、策划构思到最终成稿，大家在工作之余，利用午休或节假日进行讨论和创作，其中还克服新冠肺炎疫情等不利影响，前后历时将近一年半时间。吴健负责总体框架设定和内容编排，把控科学性，并与陈小华、司宇辰共同撰写了文字部分，尽可能用科普的语言讲述专业的故事。陈洁、张弛和陈虹芮主要负责绘画部分，每一幅经由她们绘制的精美画作，使得本书充满了生机并显得与众不同。任洁和吴佳怡参与了创作过程的交流、讨论和排版设计。主创人员在创作过程中倾注了对城市湿地的热爱和对广大读者的诚意。就像本书开篇提到的"一座城市的温度与湿度"，我们期望大家在翻阅本书时，能够更加深入了解上海这座城市以及城市湿地，感受到科学与艺术的结合、自然与人文的交融。

本书的最终付梓离不开上海市生态环境局领导的大力支持，以及上海科学技术出版社编辑和设计人员的辛勤付出。感谢上海市生态学学会理事长达良俊先生的悉心指导，同时感谢华东师范大学车越教授、上海辰山植物园王西敏正高级工程师、上海自然博物馆何鑫副研究员、中国水产科学研究院东海水产研究所张衡副研究员、上海城市荒野工作室创始人郭陶然先生等专家提出的宝贵意见。

　　本书涉及专业知识面广，主要文字及画作均为主创人员利用业余时间完成，疏漏之处在所难免，欢迎业内同行及广大读者不吝赐教、批评指正。

主创团队于蒲汇塘畔

2021 年 4 月

目录
CONTENTS

11

湿地与城市

　　湿地，通常指天然或人工形成的、长久或暂时性的沼泽地、湿原、泥炭地或水域地带，其中也包括低潮时水深不超过6米的水域。湿地与森林、海洋一起，并称为"全球三大生态系统"。亘古以来，人类的生存与发展就与湿地息息相关，人类祖先逐水而居、依水而栖，聚居形成部落，进而发展出城邦和城市，孕育出璀璨的文明。

从小渔村到生态宜居大都市的演变

上海是滩涂上的城市，62% 的土地是近 2 000 年来长江带来的泥沙堆积而成。从一片汪洋之地到籍籍无名的小村落，宋代之后贸易日盛，一跃成为"东南名城"，至清道光年间，"商贾云集，海艇大小以万计，城内外无隙地"，这片湿润之地提供了城市文明萌发壮大的自然禀赋。近代民族工业的发展更是依托湿地应运而生，苏州河、黄浦江发达的水上交通以及充足的水力资源，使得中国最早的纺织、面粉、火柴、化工等民族工业沿河沿江起步，并不断发展壮大。

然而，人们在享受湿地给予的恩赐同时，却往往忽视了湿地保护，致使大量湿地在城市化进程中被蚕食和破坏。随着上海城市沿河沿江发展，工业废水和生活污水直排，带来了诸多水环境问题。最严重时，苏州河大部分河段"黑如墨，臭如粪"，鱼虾绝迹，路人掩鼻。自 20 世纪 80 年代起，上海启动了苏州河污水截流工程、黄浦江上游污水北排工程等一系列水治理项目，1996 年启动苏州河综合整治，至 21 世纪初，苏州河终于重现了久违的清澈。

近年来，上海不断推进水环境治理、增殖放流、湿地生态修复等保护性措施。2020 年 5 月，上海出台了《上海市中华鲟保护管理条例》，开创了国内对长江流域特定物种立法的先河。截至 2020 年底，黄浦江、苏州河滨水岸线已基本实现贯通。如今的上海，湿地与城市已经成为密不可分的有机整体。湿地在城市中得到了前所未有的保护，城市湿地提供了多样化的生态系统服务，文明的温度和自然的湿度都恰到好处。在上海，关于湿地和城市的故事，正在不断谱写新的篇章。

多样化的湿地类型

VARIOUS WETLAND TYPES

　　上海是典型的湿地城市，良好的河口自然地理环境、三角洲低平的地貌特征以及亚热带的光照与水热条件，为上海湿地的形成、发育提供了无与伦比的禀赋优势。江海交汇之处，滩涂延绵无际，奠定了这座通江达海城市的生态基底；广袤的冲积平原上，河湖纵横密布；城市公园绿地里，池塘静谧、溪流潺潺；连同城郊一望无际的稻田和水塘，共同组成了最美的城市湿地生态景观。

风急天高猿啸哀，渚清沙白鸟飞回。

无边落木萧萧下，不尽长江滚滚来。

唐·杜甫《登高》

01

滩涂湿地
Tidal Marshes

长江，发源于青藏高原的唐古拉山脉，一路百转千回，奔流不息6 000多千米，最终汇入东海。广阔的入海口为滩涂发育创造了良好的空间条件，滚滚长江携带的泥沙则为滩涂湿地的形成提供了充分的物质基础。长江裹挟的大量泥沙不断沉积，在入海口形成了辽阔平坦的滨海平原以及星罗棋布的河口沙洲，构成了别具特色的河口滩涂湿地景观。"上海滩"正是在这一片广袤的沿江沿海滩涂湿地上生长起来，逐渐发展成为中国最繁华、最发达的城市之一。

江水奔流天际，泥沙却放缓了脚步，在咸淡水交汇的河口岁月里沉淀

多样化的湿地类型

潮水来了又去，在被它浸润的泥沙里，藏匿着水陆交汇的秘密

漫漫平沙走白虹，瑶台失手玉杯空。

晴天摇动清江底，晚日浮沉急浪中。

宋·陈师道《十七日观潮》

潮涨潮落潮间带

潮汐，是海水在月球引潮力作用下所产生的周期性涨落。我们的祖先把发生在早晨的高潮叫"潮"，发生在晚上的高潮叫"汐"，这就是"潮汐"名称的由来。上海的潮汐属于半日潮，每天两次潮涨潮落，形成了滩涂湿地神奇而隐秘的地带——潮间带，也就是潮水涨至最高时至潮水退到最低时涵盖的区域范围。

潮间带是地球上生物多样性最丰富的区域之一。上海滩涂潮间带最重要的植被景观为芦苇 - 海三棱藨草群落，再往外延伸是大面积的光滩。潮间带大量的有机碎屑，为滩涂上的底栖动物提供了食物来源。当我们漫步滩边时，经常看到被当地人称作"蛸蜞"或"蟛蜞"的小螃蟹在泥滩上成群结队忙忙碌碌，一遇风吹草动便倏忽钻入洞穴，只留下一串窸窸窣窣的声响。泥沙下面还藏匿了无数河蚬、泥螺之类的软体动物。同时，长江口滩涂湿地也是亚太候鸟迁徙的重要驿站。

21

潮沟沟外尽深泥，泥上潮生沟却低。

直向北行连运渎，折从东去入青溪。

· 宋·马之纯《潮沟》

滩涂的"肺叶"

在河口滩涂之上，我们会观察到一种神秘莫测、特殊多变的地貌景观——潮沟。潮沟是在泥沙质滩涂上由于潮流作用形成的冲沟，是最活跃的微地貌单元之一。它深入滩涂腹地，面向河口一侧是粗大的主干，伸向内陆一侧是细小的分支，鸟瞰犹如一棵巨大的"潮汐树"。潮沟有时候更像一片巨大的"肺叶"，每次潮汐涨落，在"肺叶"的"呼吸"之间，潮流就像动脉和静脉，不断输送营养物质，净化滩涂生态环境，滋养着无数的湿地生灵。

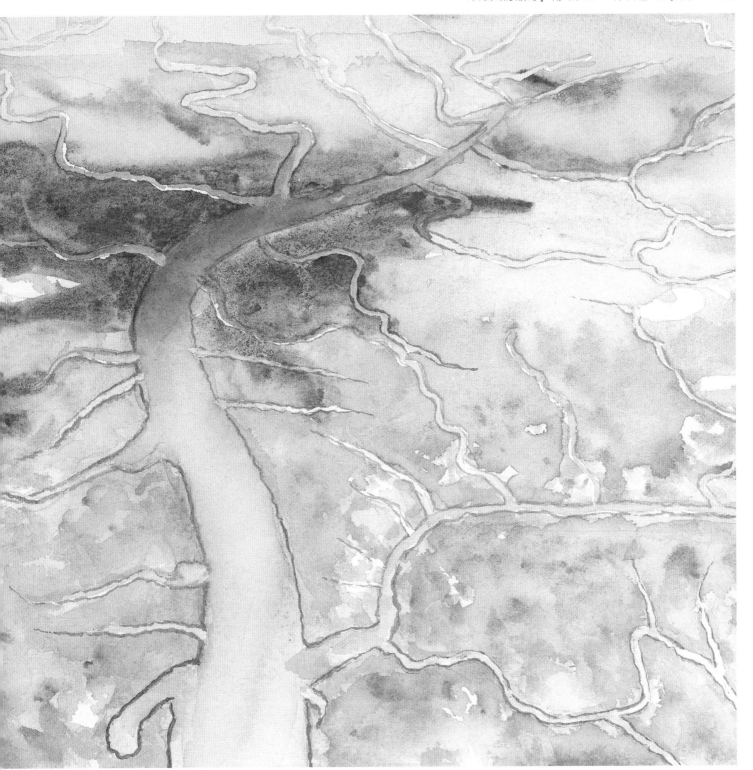

滩涂上的潮沟，俯瞰犹如一株枝繁叶茂的参天大树

寒藤霜露又经秋，梦入江湖戏白鸥。

二十年来行脚地，耆婆天上看河流。

宋·李石《扇子诗》

纵横交织的河流湖泊，孕育了古往今来最富庶温婉的江南水乡

02

河湖湿地
Rivers and Lakes

上海地处长江三角洲冲积平原东缘，河湖众多，境内水域面积达697 平方千米，占全市总面积比例超过 10%。上海最大的淡水湖泊为淀山湖，最有名的河流是黄浦江和苏州河。在网状交叉密布的河湖之中，水草丰茂、鱼群嬉戏、飞鸟成群；河流湖泊之间，散布着小桥流水的古镇，店铺林立、人群熙攘，构成一幅水土温润、文化繁荣的水乡景象，这就是所谓"江南"。

黄浦江头夜月明，青龙桥外暮潮生。

廿年重抚疏疏柳，输与凉蝉自在鸣。

清·丁丙《黄浦道中》

平原感潮河网

上海共有 4 万多条河流，河网密度约 4.5 千米 / 平方千米，纵横交错，犹如人体的血液循环系统，构成了这座城市最重要的生态基底。上海的河流大多属黄浦江水系，由于受河口潮汐影响，水位、流量、流速、流向都呈周期性变化，因此形成了典型的平原感潮河网。黄浦江平均每天有两次明显的涨潮和退潮现象，一天内的水位落差可达数米；如遇天文大潮，水位落差更大。潮位高时，一艘大船经过，浪头就能溅上堤岸；潮位低时，外滩一带大量的江滩湿地露出水面，与滨岸现代城市景观相映成趣。此外，苏州河、川杨河和淀浦河等其他支流也呈现不同程度的感潮特征。

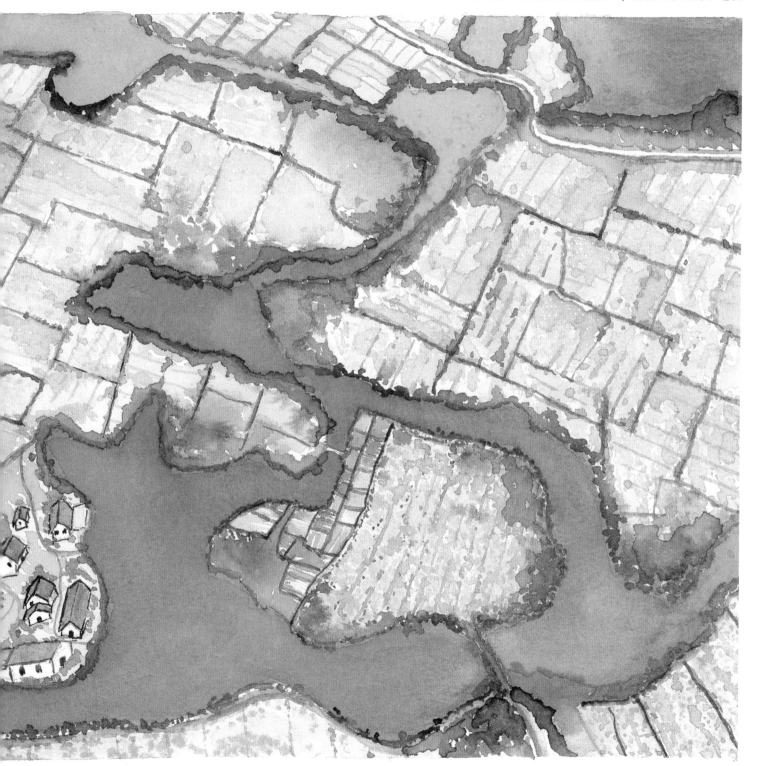

苏沪交界的淀山湖、元荡，以及星罗棋布如"雪落漾"般美好的小湖荡

昨日过湖风打头，苇蒲深处泊官舟。

近人乌鸟语声碎，濒海风烟日夜浮。

宋·张扩《过淀山湖》

深秋薄雾晨曦中火红的水杉林，是青西最典型的湖滨森林沼泽景观

青西湖泊群

上海全部 21 个自然湖泊均集中在"青西三镇"（朱家角镇、金泽镇和练塘镇）。市级湖泊 2 个，分别是淀山湖和元荡，均为与江苏省共有的跨界湖泊，其中淀山湖是上海最大的湖泊。上海以环淀山湖为核心，着力打造"世界级滨水湖区"。除却烟波浩渺、渔歌帆影，湖区独特的水杉、池杉等"水上森林"景观，也吸引游人前去一睹真容。青西湖区也是长三角一体化发展示范区的核心区域，是正在营造的"水乡客厅"。这里汇聚了上海最集中的水乡古镇群，刻画了江南最独特的水乡文化特色。

29

携杖来追柳外凉，画桥南畔倚胡床。

月明船笛参差起，风定池莲自在香。

宋·秦观《纳凉》

03

人工湿地
Constructed Wetlands

湿地环境不一定单纯依靠大自然的力量形成，也可以通过人类的力量来构建。小区的荷花池、公园的水禽湖、城市绿地的景观水系，甚至农村的稻田和鱼塘，都可以看作是典型的人工湿地。作为天然湿地的补充，人工湿地在城市温度调节、水资源调蓄、生物保育等方面与自然湿地发挥着相近的作用，同时还具有自然观光、休闲娱乐等文化功能。

深院无人锁曲池，莓苔绕岸雨生衣。

绿萍合处蜻蜓立，红蓼开时蛱蝶飞。

宋·欧阳修《小池》

春夏的鸢尾，秋冬的芦苇，城市景观湿地总会给人惊喜

城市景观湿地

城市景观湿地是城市的重要生态基础设施之一。在城市发展中，不当的湿地开发行为，会直接导致城市湿地功能退化。通过科学、合理地规划设计，保持城市景观湿地生态的完整性，是对自然的回馈和补偿。近年来，随着上海城市生态建设不断推进，城市景观湿地的数量和面积快速增加，结构和功能逐步优化，已经成为都市中不可或缺的亮丽风景线。

在上海中心城区的公园绿地中，许多依地形设计了池塘、溪流等湿地景观，或小桥流水，或柳暗花明，花菖蒲、千屈菜和再力花等各种水生植物精心布置，优雅的水鸟徜徉湖中。绿地中的湿地为久居城市的人们提供了亲近自然的机会，成为周边都市白领工作之余放松身心的好去处。上海世博后滩湿地公园是其中一处市民休闲游憩的绝佳场所，沿着自行车道骑行至此，漫步于黄浦江滩与都市田园，与亲水栈道、叠瀑水墙不期而遇，荻台江风、溪谷池塘，感受湿地生态和工业遗存的遥相呼应。

33

绿波春浪满前陂，极目连云䆉稏肥。
更被鹭鹚千点雪，破烟来入画屏飞。

唐·韦庄《稻田》

稻田、鱼塘及其他

稻田和鱼塘是历史最悠久、最典型的人工湿地类型，是人类文明进化的瑰宝。考古研究表明，最早的稻作文化产生于长江中下游江河湖泊周边地区。水稻种植使得人类得以走出森林，在广阔的平原和湿地定居，从而开启了农耕文明。我国也是世界上最早开始淡水养鱼的国家，在距今3 000多年的商朝，就有人开始用池塘养鱼。人与稻田、鱼塘互相依存、共生共荣，发展形成了湿地生态文明，孕育了悠悠数千年来被称作"鱼米之乡"的富庶江南。

　　上海温暖湿润的气候和河湖纵横的水文条件，十分有利于水稻种植和鱼塘养殖。上海郊区仍然保留有大片的稻田、茭白田以及鱼塘、荷塘等人工湿地系统。从市区驱车不超过半小时，就能看到"稻田凫雁满晴沙""波间露下叶田田"的田园景象。近年来不断推广的"种养结合"的生态农业模式，令人与自然更加和谐友好。青浦练塘的茭白、松江新浜的荷花以及崇明的稻米、清水蟹等，成为了各具特色的鲜亮名片。这些人工湿地元素已经融入了人们的日常生活，化作了绵长的乡愁，甚至成为了自然的有机组成部分。

湿地滋养的生灵

CREATURES NURTURED BY WETLANDS

　　湿地是水域和陆地之间的交错带，由于湿地环境的特殊性，使其兼具丰富的陆生、湿生和水生动植物物种，形成了其他任何单一生态系统都无法比拟的独特生境。在湿地中，水草丰茂、鱼虾成群、蛙鸣悦耳、飞鸟高翔，生态系统中的生产者、消费者和分解者等功能类群各司其职，构成了生命之网，支持着生态系统的能量流动和物质循环，维系着生态平衡，多样的生命在湿地中得以滋养。

01

太阳能捕手：水生植物
Aquatic Plants

水生植物和湿地密不可分，它作为湿地中最主要的初级生产者，固定、转化太阳能，并为生态系统的其他组分提供能量，使整个系统得以运转。水生植物能改善水域生态条件，优化水域环境，并为水生动物提供栖息、繁衍、索饵、育肥的场所。

在上海的滩涂、河流、湖泊以及人工景观水体中，生长着超过150种高等水生植物。其中，既有生长于浅水区、茎和叶绝大部分挺立水面的挺水植物；也有叶浮于水面、根长在底泥中，甚至完全随波逐流的浮水植物；还有位于水面以下、貌不惊人、营固着生存的沉水植物。这些水生植物群落在美化环境、净化水质的同时，也为动物提供了良好的栖息地，为人类供应了丰富的物质产品，给我们的生活带来了诸多遐想和诗意。

近年来，上海在水环境治理与生态修复中，尤其重视水生植物群落的恢复，营造的沉水植物"水下森林"能吸收氮、磷等营养物质，提升水体透明度；湿地中点缀一蓬睡莲或数丛蒲苇，大大丰富了都市景观多样性和野趣。

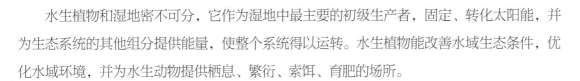

绿塘摇滟接星津，轧轧兰桡入白𬞟。

应为洛神波上袜，至今莲蕊有香尘。

唐·温庭筠《莲花》

荷花和花菖蒲舒展着花枝，睡莲在正午的阳光下困意全无

蜻蜓会飞之前叫作"水虿"，整个生活史的大部分时间都在水底

池底的隐秘角落里，是底栖动物的乐园

支解肯供浮白醉，壳空竟弃外黄城。

江湖好是横行处，草浅泥污过一生。

宋·艾性夫《悯蟹》。

02

隐秘角落的潜伏者：底栖动物
Benthic Invertebrates

"蜉蝣之羽，衣裳楚楚""螺蚌非有心，沉迹在泥沙"，无论是蜉蝣之类的水生昆虫，还是螺、蚌、虾、蟹，均属于无脊椎动物，且生活史的全部或绝大部分时间都栖息在池塘、河湖等水体的底部环境中，因而被称作"底栖动物"。底栖动物是湿地物质循环和能量流动中的积极参与者，也是表征水体生态环境状况的重要指示生物。

底栖动物在我们身边的河湖淤泥、岸边浅滩中随处可见。上海特有的泥沙淤积型自然环境和大都市高强度人类活动，决定了本地区独特的底栖动物群落特征。由市区向近郊、远郊延伸，物种丰富度递增，优势种也随之变化。与市区河道时有发现的霍普水丝蚓、中华颤蚓等环节动物不同，郊区河道则以更喜清洁水体的田螺、河蚌和河蚬等软体动物为主。

底栖动物群落会随着河流生境和水质的变化而发生改变。目前，随着本市河网水系逐步进入生态恢复阶段，底栖生境逐步改善，底栖动物丰富度明显得到恢复，且群落结构正在发生变化，适宜清洁水体的底栖动物类群逐步回归。

03

天生的游泳健将：鱼类
Fishes

鱼类终生在水中生活，以鳃呼吸，用鳍运动并维持身体平衡，是天生的游泳健将。一般情况下，鱼类是水域生态系统中的顶极群落，对其他生物类群的存在和丰度有着重要的作用。自古以来，鱼类与人类的生活息息相关。早在《诗经》中，关于"鱼"的意象反复出现，"猗与漆沮！潜有多鱼，有鳣有鲔，鲦鲿鰋鲤"。千百年来，"桃花流水鳜鱼肥""鲈鱼清晓入池塘"等诗句中的鱼，已化作文人墨客反复咏叹的时光、乡愁和爱情。

上海滨江临海，咸淡水交汇，河湖港汊密布，为鱼类提供了良好的栖息、繁衍、索饵、育肥的场所。上海地区既有在淡水中生活的鲤鱼、鲫鱼、黄颡鱼，

因对温度、光照和食物等条件的不同需求，鱼类在水体中呈现分层分布特征

凉月如眉挂柳湾，越中山色镜中看。
兰溪三日桃花雨，半夜鲤鱼来上滩。

唐·戴叔伦《兰溪棹歌》

也有适应咸淡水交界的河口和盐沼地带生存环境的虾虎鱼、弹涂鱼。有些种类如中华鲟、鲥鱼等平日生活于近海，繁殖期间溯河而上；也有些如松江鲈鱼、鳗鲡等平日生活于河湖，繁殖期间降海而下。上海地区的原生鱼类种类繁多，而且栖息于不同环境，具备不同食性，占据了不同的生态位和营养级，构成了一个丰富而复杂的系统。

　　城市的发展可能造成湿地面积减少，同时，鱼类也面临着栖息地丧失、水质污染和过度捕捞等威胁。随着近年来湿地保护、城市水质治理与增殖放流的稳步实施，以及长江十年禁渔的推进落实，相信在不久的将来，"鱼鳖鼋鼍为天下富"的盛景，将从古书中回到现实。

两栖爬行动物是水陆过渡的类群，也是最早登上并适应陆地的脊椎动物

黄梅时节家家雨，青草池塘处处蛙。

有约不来过夜半，闲敲棋子落灯花。

宋·赵师秀《约客》

04

从水域到陆地：两栖爬行动物
Amphibians and Reptiles

初夏，傍晚的微风伴着田野的蛙鸣，让人心旷神怡。从分类学而言，蛙类属于从水生过渡到陆生的两栖动物，蛇、龟等爬行动物则是在两栖动物基础上进一步适应陆地生活的进化形态。由于两者的进化地位和生境比较接近，因此常被统称为"两栖爬行动物"。两栖爬行动物处于生态系统营养级的中间层，常被用作环境变化和环境质量评估的良好指示物种。

据资料记载，上海地区共分布有 30 余种两栖爬行动物，中华蟾蜍、黑斑侧褶蛙、金线侧褶蛙、泽陆蛙和饰纹姬蛙等为本市两栖动物优势种类，赤链蛇则为本市湿地中较为常见的爬行动物。上海两栖爬行动物的生境偏好有所不同：泽陆蛙分布范围广泛；黑斑侧褶蛙常活动于农田附近的旱地；金线侧褶蛙喜生活在池塘边或池塘中的浮叶植物上；中华蟾蜍耐旱能力较强；饰纹姬蛙对生境的要求最为特殊，它需要在小水坑或稻田的浅水中产卵，因此在市区中并不常见。

20 世纪 80 年代以来，由于城市扩张、环境污染、气候变化、生境破坏与丧失等多种因素，上海的两栖爬行动物多样性急剧下降。近年来，上海以建设"生态之城"为契机，正在逐步加强湿地的保护和修复工作，两栖爬行动物的生境构建在生态建设工程中越来越受到重视，两栖爬行动物的多样性逐渐得到恢复。

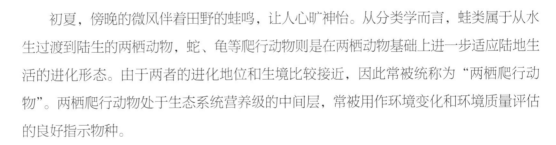

烟为行止水为家，两两三三睡暖沙。

为谢离鸾兼别鹄，如何禁得向天涯。

唐·吴融《水鸟》

05

飞翔的精灵：湿地鸟类
Wetland Birds

湿地鸟类是湿地野生动物中最具代表性的类群，是湿地生态系统的重要组成部分和比较容易观察到的生物类群，处于顶级消费者的地位。湿地为鸟类提供了水草、无脊椎动物、鱼等丰富的食源，同时其茂密的水生植物可以为水鸟提供营巢材料及庇护场所，提高其繁殖成功率。

长江口是"东亚－澳大利西亚"候鸟迁徙路线上的重要中转驿站和越冬地，上海湿地水鸟以过境旅鸟和冬候鸟为主。沿江沿海的滩涂资源以及河湖等开放水域，为鸟类提供了广阔的栖息场所和丰富的食物来源，每年都能吸引各种候鸟远道而来，或短暂停留觅食补充能量，或落定筑巢繁育幼雏，或长期停留熬过漫漫严冬。

近年来，上海对湿地生态保护工作日益重视，不断加大水鸟栖息地生态保育和生态修复力度，取得了显著成效。目前，上海已在长江口建立了九段沙湿地国家级自然保护区和崇明东滩鸟类国家级自然保护区，奉贤区、崇明区、金山区、青浦区、松江区和浦东新区被列为野生动物禁猎区，各类湿地已成为水鸟栖居的乐园。

湿地生态系统服务

WETLAND ECOSYSTEM SERVICES

　　湿地具有多种生态系统服务，被称为"地球之肾、物种贮存库、气候调节器"，在保护生态环境、保持生物多样性以及发展经济社会中，为人类提供诸多惠益福祉，在教育、美学、科研、文化等方面也具有重大的价值，发挥着不可替代的重要作用。

01

供给服务：水源、食物和土地
Supply Services: Water, Food and Land

湿地的供给服务是指人类从湿地生态系统中获得产品，如大米、鱼类等人类生存、发展必需的食物资源。湿地还供给了居民生活、工业生产和农业灌溉用水的水源。此外，滩涂为上海城市发展提供了最基本的土地资源。

半亩方塘一鉴开，天光云影共徘徊。

问渠那得清如许？为有源头活水来。

宋·朱熹《观书有感》

源头活水

湿地的"湿"，不仅体现在河网密布、湖泊星罗，还体现在它为城市提供了赖以生存的水源。湿地的水源作用，主要体现在供水、蓄水和净水三个方面，守护湿地就是守护上海人的水缸子。

上海的城市自来水来源于黄浦江上游太浦河金泽水库、长江口青草沙水库、陈行水库以及崇明东风西沙水库等四个主要饮用水水源。这些湿地不仅是一个个巨大的蓄水库，还利用土壤、微生物、底栖动物以及湿地植物，结合湿地区域水位变幅作用，吸收和降解水体污染物，使流出湿地原水水质得到净化，从而守住上海饮用水的源头第一关。

根据《上海市水污染防治行动计划实施方案》，到2030年，全市集中式饮用水水源地水质达到或优于Ⅲ类。目前，这一目标已提前达成。这一目标的实现，离不开湿地的独特作用。长江和黄浦江的源头活水，在流入东海之前经由湿地的怀抱温柔挽留，为上海这座城市和她的市民造福。

长江口湿地水源地保障上海市民能够喝上更优质的水

53

枕水而居的鱼米之乡

我们常说"靠水吃水"。湿地的供给功能中，最让我们日常可感知的一项，就是其可以为人类提供种类丰富、质量上乘的食物资源，包括水产品、粮食以及药材等。作为襟江负海的湿地城市，上海自然少不了鱼米滋养。除了出产莲藕和莲子的荷花，许多水生植物也被广泛种植，如俗称"鸡头米"的芡实，以及菱角、茨菇、茭白等；而水稻田作为特征鲜明的人造湿地，除了出产大米，还可以套养"禾花鱼"，实现立体农业多重丰收。

湿地环境还能提供优质的蛋白质来源。随着长江十年禁渔的有序推行和环保科普的深入人心，湖泊、水库中的养殖鱼类代替了长江野捕水产品。近海出产的大黄鱼、小黄鱼、带鱼等，也会随着越冬季和产卵季的交替，形成"鱼汛"造访上海。此外，河口地区汇聚了来自东海的咸水和来自长江口的淡水，形成了独特的半咸水特征和丰富的生物多样性，造就了中华绒螯蟹即"大闸蟹"繁衍生长不可替代的水域环境，使其承载了上海特定的文化，成为上海"湿地味道"的缩影和名片。

竹外桃花三两枝，春江水暖鸭先知。

菱蒿满地芦芽短，正是河豚欲上时。

宋·苏轼《惠崇春江晚景》

长江口岸线的时空变迁

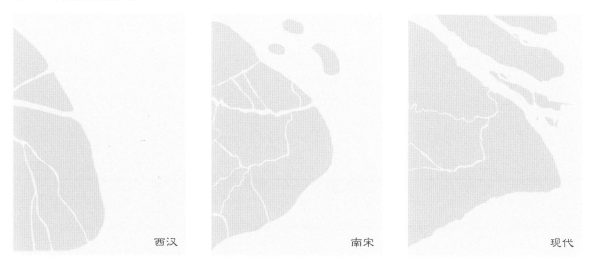

西汉　　　　　　　南宋　　　　　　　现代

白浪茫茫与海连，平沙浩浩四无边。
暮去朝来淘不住，遂令东海变桑田。

唐 · 白居易《浪淘沙》

日长夜大的滩涂城市

据地质学研究，上海海岸线形成于 6 500 年前的嘉定外冈——金山漕泾一线。到距今约 3 000 年，上游开发使长江沿途两岸沉积模式转为向下游输水输沙模式，沿海滩涂随来沙量增加而迅速淤涨，海岸线推进，滨海平原冲积形成。崇明岛于 7 世纪初步形成，而长兴岛、横沙岛直到 19 世纪才露出水面。

如今，上海地区的成陆仍受沉积和侵蚀共同作用：在地球自转偏向力影响下，长江向东南偏移，南岸沉积物顺海岸线向大海延伸；潮汐侵袭南岸海岸线，使金山漕泾不断接近大海。假以时日，泥沙淤积将使崇明岛与陆地连接，长江新入海口将生成在横沙岛附近。可见，水系和湿地的作用，在上海的城市地理结构变迁中占据着举足轻重的位置。

长江带来的泥沙淤积使得滩涂不断增长，在自然冲积成陆的同时，人工围垦也使得上海快速长大。1949 年后，上海通过滩涂围垦新增土地面积 1 000 余平方千米，一定程度上缓解了上海土地资源紧张的局面。上海采取了一套科学的滩涂促淤圈围系统，以人工围垦配合自然淤积，保护鸟类、鱼类等生物栖息地，预防航道淤塞，尽量降低对湿地环境的副作用。随着精确规划和动态保护的稳步推进，上海这座滩涂城市定会成为人与自然和谐共生的美丽家园。

风驱急雨洒高城，云压轻雷殷地声。

雨过不知龙去处，一池草色万蛙鸣。

明·刘基《五月十九日大雨》

02

调节服务：宜居环境和城市生态安全
Regulatory Services: Livable Environment and Urban Ecological Security

　　湿地的调节服务是指从生态系统过程的调节作用获得的效益，比如通过调节径流、控制洪水，将过量水分储存起来并缓慢释放，从而实现时空再分配；通过水分循环和固碳释氧等改变大气组分，调节局部地区的温度、湿度和降水状况，缓解城市热岛效应；抵御风暴潮，保障城市生态安全。

通过生态滞留与吸收来实现雨洪管理的雨水花园

上海城市湿地生态·自然与人文的交融

58

海绵城市在适应环境变化方面具有良好的弹性

海绵城市与湿地

"海绵城市"是新一代城市雨洪管理的概念，是指城市能够像海绵一样，在适应环境变化和应对雨水带来的自然灾害等方面具有良好的弹性。简而言之，海绵城市就是下雨时收集雨水，需要用水时再让它挤出水满足供应。传统城市建设，处处是硬化路面，往往造成逢雨必涝，旱涝急转。上海作为特大型城市，曾有段时期也经常面临一下暴雨就"看海"的窘境。在上海海绵城市建设过程中，统筹自然降水、地表水和地下水的系统性，协调给水、排水等水循环利用各环节，城市湿地在其中发挥着重要的作用。尤其是结合城市景观湿地建设，加入暴雨塘、雨水花园、生态沟渠、雨洪溪流等生态元素，使得洪涝调蓄与生态净化相得益彰。

59

湿地公园能起到降温增湿作用，是周边市民纳凉休憩的好去处

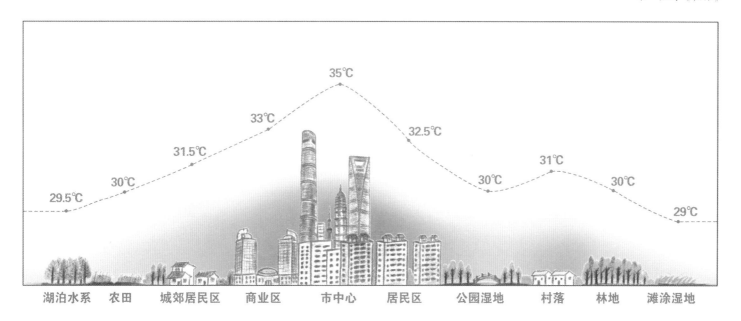

湖泊水系　农田　城郊居民区　商业区　市中心　居民区　公园湿地　村落　林地　滩涂湿地

缓解城市热岛效应

城市快速发展，大量的建筑物和道路等高蓄热体的兴建及绿地、水体减少，造成城市"高温化"，这就是所谓的"城市热岛效应"。城市湿地对热能量交换具有重要的影响。一方面，湿地水体可以控制温度快速升高；另一方面，相对于不透水的硬质下垫面而言，湿地在水分蒸发过程中带走了空气中的大量热量，蒸发的水蒸气还增加了空气湿度，湿地植物也利用自身的蒸腾作用起到降温增湿效果，改善局地小气候。一旦城市中心的温度降低，相应地就会降低城市的热岛高压，出现气压的差异，使得周边的空气逐渐向城市中心流动，最终形成循环风，缓解城市热岛效应，使得城市更加宜人宜居。此外，湿地作为重要碳汇，是重要的"贮碳库"和"吸碳器"，在应对全球气候变化方面起到至关重要的作用。

抵御风暴潮

全球气候变化导致冰川融化、海平面上升、自然灾害多发、极端天气更加频繁，对人类生活构成了极大威胁。上海作为滨江沿海城市，其湿地可以缓解极端天气对岸线的影响，如沿海滩涂沼泽湿地具备减震器一样的作用，能降低海浪、风暴潮、海啸的强度，更好地保滩护堤，让生活和工作在沿海地区的居民，免于遭受洪水灾害等造成的生命和财产损失。城市湿地更能增加城市应对气候变化的韧性，保障城市生态安全。

湿地削减了风浪的能量，从而保滩护堤、控制水土侵蚀

湖莲旧荡藕新翻，小小荷钱没涨痕。
斟酌梅天风浪紧，更从外水种芦根。

宋·范成大《晚春田园杂兴》

吴淞炮台湾国家湿地公园的边滩湿地

03

支持服务：物质循环和生物多样性
Support Services: Nutrient Cycling and Biodiversity

湿地作为陆地生态系统与水域生态系统之间的交错地带，由于其独特的水文过程，造就了不同于陆地生态系统及水域生态系统的环境条件，进而影响湿地的生物地球化学循环过程和生物多样性特征。

生物地球化学循环

湿地生态系统中物质的迁移和转化过程称为"生物地球化学循环"，它包含许多相互联系的物理、化学和生物过程。氮、磷等营养盐的迁移与循环是湿地生态系统中最重要的生物地球化学循环过程。湿地土壤中的氮、磷含量会直接影响湿地生态系统的生产力，同时湿地土壤中的氮、磷吸收与汇聚能力可有效减缓附近水域的富营养化。植物在湿地生物地球化学循环过程中也扮演重要角色，植物通过自身的生长代谢吸收湿地中的营养元素和有毒有害物质，对水体起到净化作用。滨海湿地的高潮滩由于具有丰富的植物，对营养盐的汇聚功能较无植物的光滩更佳。

浩荡离愁白日斜，吟鞭东指即天涯。

落红不是无情物，化作春泥更护花。

清·龚自珍《己亥杂诗》

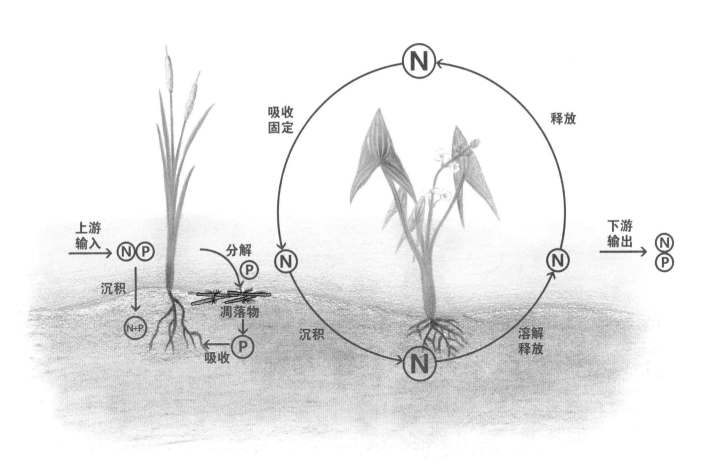

植物从湿地中吸收的氮、磷等营养元素，会随着凋落物回到环境中

雪衣雪发青玉嘴，群捕鱼儿溪影中。

惊飞远映碧山去，一树梨花落晚风。

唐·杜牧《鹭鸶》

生物多样性的摇篮

生物多样性通常包括遗传多样性、物种多样性和生态系统多样性 3 个层次。湿地生物多样性即湿地所有微生物、动物和植物种类、种内遗传变异及其生存环境的总称。

湿地是陆地与水域的过渡地带，因此它同时兼具丰富的陆生和水生动植物资源，形成了其他任何单一生态系统都无法比拟的天然基因库和独特的生境。特殊的水文、土壤和气候提供了复杂且完备的动植物群落，全球 40% 的物种在湿地生存繁殖，湿地对于保护生物多样性具有难以替代的生态价值，因而被誉为"生物多样性的摇篮"。在上海，崇明东滩、九段沙等湿地都是生物多样性的热点区域。

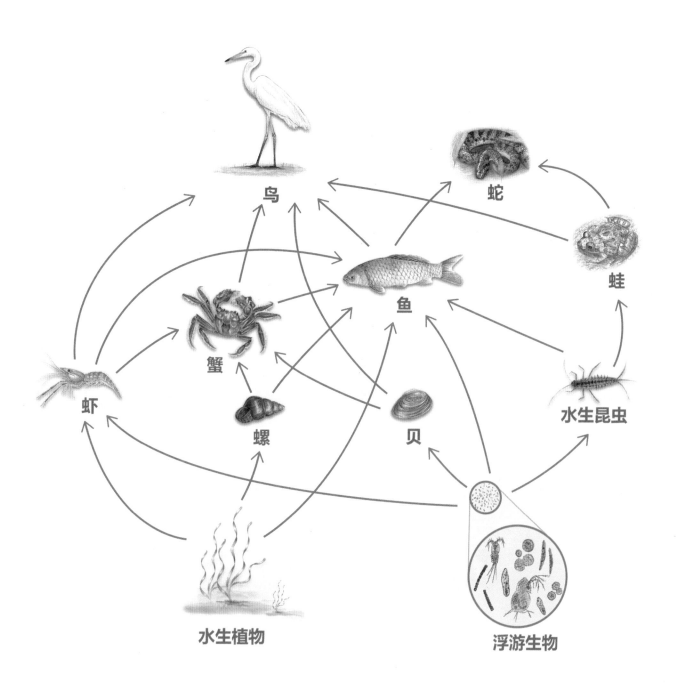

鸟

蛇

蛙

鱼

蟹

水生昆虫

虾

螺

贝

水生植物

浮游生物

湿地中所有的生物交织在一起，组成了生命之网

04

文化服务：湿地之城的诗意
Cultural Services: Poetry of the Wetland City

湿地在教育、美学、科研、文化等方面具有重大的价值，为人类的休闲娱乐、旅游活动以及科研教育等提供了丰富的资源。远离城市喧嚣、融入自然已成为现代人的休闲时尚，而湿地生态是人们诗意栖居不可或缺的重要元素。

水边数棵乌桕，白茫茫一片芦荻，这就是乡愁

寥落霜空木叶稀，初行郊野思依依。

秋深频忆故乡事，日暮独寻荒径归。

唐·刘沧《晚归山居》

寄托乡愁的郊野

以生态保育、自然保护、休闲游乐、健身康体为主导功能的郊野公园，近年来日益成为上海提升城市空间品质、满足市民活动需求、优化大都市空间结构的重要资源。上海郊野公园以基本农田、生态林地、水系湿地、自然村落、历史风貌等现有的生态人文为基础，形成与特大城市发展相匹配的都市游憩空间。紧邻郊野公园，还有水乡古镇。每一座古镇都有一段不为人知的历史，那历史里有诗、有酒、有民谣、有橹声，也有传奇。在这里既能寻访"寂寞荒郊野水滨，竹篱茅舍旧比邻"，又能体会"绝怜郊野依林壑，更拓轩窗贮竹风"，在享受自然野趣的同时，又有充分的人类活动空间，是望得见田、看得见水、记得住乡愁的好去处。

目前，上海已建成的郊野公园有 8 座，分别是长兴岛郊野公园、嘉北郊野公园、青西郊野公园、广富林郊野公园、松南郊野公园、浦江郊野公园、廊下郊野公园和合庆郊野公园。在 2035 年城市总体规划中，上海的郊野公园布局将最终达到 30 个，规划总面积约 600 平方千米。郊野公园游将成为上海市民出行的新时尚。

江天一色无纤尘，皎皎空中孤月轮。

江畔何人初见月？江月何年初照人？

唐·张若虚《春江花月夜》

昔日浦江"工业锈带"已变身为有文化、有特色、有韵味的"生活秀带"

漫步江河之滨

对于上海而言，苏州河与黄浦江，是血脉相连的城市文明之源，被赋予深刻的历史文化内涵，中国的民族工业正是沿岸起步。苏州河、黄浦江承载着上海的过去、现在和未来，而滨水空间，集纳了人们对一座充满人文关怀城市的一切美好想象。在解决水质问题之后，上海下决心腾退、贯通滨水空间，还江河于民。2017 年底，黄浦江两岸 45 千米岸线的公共空间正式全线贯通。2020 年底，苏州河 42 千米滨水岸线已基本实现贯通。"一江一河"两岸提供了丰富的文化、创意、生活体验，成了产业发展、城市治理、公共品供给乃至文化审美的"标杆"。"一江一河"的变迁正在书写人民城市的新时代传奇。

曾经的"三湾一弄"棚户区，华丽蜕变成了最美苏河岸线

从崧泽文化先民在湖沼密布间升起的熊熊篝火，到唐宋时期青龙古镇河汉纵横处徐行的缕缕航迹，再到今天广袤平原上依水而立的座座新城，上海城市的湿地记忆，寄托了我们对人与自然和谐共生的无限遐思。

展望上海 2035 年城市愿景，以水为脉，生态成网，突出对于"滩、湾、湖、岛"四大生态区域的保护和环境品质提升，全市河湖水面率达到 10.5% 左右，城市与湿地将成为和谐统一的生命共同体。

让我们携手同行，着力保护城市湿地生态，向着建设令人向往的生态之城稳步迈进！

附录·上海重要湿地及分布

IMPORTANT WETLANDS AND THEIR DISTRIBUTION

01

国际重要湿地
Important International Wetlands

依照《关于特别是作为水禽栖息地的国际重要湿地公约》(简称《湿地公约》)第二条,各缔约国应指定其领土内适当湿地列入《国际重要湿地名录》,并给予充分、有效的保护。

中国加入《湿地公约》以来,已指定国际重要湿地64处,其中内地63处,香港1处(截至2020年9月)。上海崇明东滩鸟类国家级自然保护区(2002年)和上海市长江口中华鲟自然保护区(2008年)被列为国际重要湿地。

02

国家及市级重要湿地
Important National and Municipal Wetlands

自然保护区

上海共有国家级自然保护区2处,分别是上海九段沙湿地国家级自然保护区和上海崇明东滩鸟类国家级自然保护区。

市级自然保护区2处,分别是上海市金山三岛海洋生态自然保护区和上海市长江口中华鲟自然保护区。

国家湿地公园

上海共有国家湿地公园 2 个，分别是崇明西沙国家湿地公园和吴淞炮台湾国家湿地公园。

饮用水水源地

上海共有 4 个市级在用集中式生活饮用水水源地，包括长江青草沙水源地、长江东风西沙水源地、长江陈行水库水源地和黄浦江金泽水源地。

市级重要湿地

根据《关于公布第一批上海市重要湿地名录的通知》（沪绿容〔2019〕36 号），宝山陈行－宝钢水库等 13 处湿地被列为第一批市级重要湿地。

此次公布的上海市重要湿地名录（第一批）包括：宝山陈行－宝钢水库市级重要湿地、崇明北湖市级重要湿地、崇明长江口中华鲟市级重要湿地、崇明东风西沙水库市级重要湿地、崇明东平森林公园市级重要湿地、崇明东滩市级重要湿地、崇明青草沙水库市级重要湿地、崇明西沙市级重要湿地、奉贤海湾森林公园市级重要湿地、金山三岛市级重要湿地、浦东九段沙市级重要湿地、青浦淀山湖市级重要湿地、青浦金泽水库市级重要湿地。

崇明西沙湿地

崇明东平森林公园湿地

崇明东风西沙水库湿地

崇明北湖湿地

宝山陈行-宝钢水库湿地

崇明东滩湿地

崇明青草沙水库湿地

崇明长江口中华鲟湿地

宝山吴淞炮台湾湿地

普陀苏州河梦清园湿地

浦东九段沙湿地

浦东黄浦江世博后滩湿地

青浦淀山湖湿地

松江辰山植物园湿地

青浦金泽水库湿地

浦东滴水湖湿地

奉贤海湾森林公园湿地

金山三岛湿地

上海典型湿地分布图